MapleStory
数学应用漫画

冒险岛
数学奇遇记51

特殊的幻方

〔韩〕宋道树／著　〔韩〕徐正银／绘　张蓓丽／译

U0172648

台海出版社

图书在版编目（CIP）数据

冒险岛数学奇遇记.51，特殊的幻方 /（韩）宋道树
著;（韩）徐正银绘；张蓓丽译. -- 北京：台海出版
社，2020.12

ISBN 978-7-5168-2773-4

Ⅰ.①冒… Ⅱ.①宋… ②徐… ③张…Ⅲ.①数学 –
少儿读物 Ⅳ.①O1–49

中国版本图书馆CIP数据核字(2020)第198142号

著作权合同登记号 图字：01-2020-5315

코믹 메이플스토리 수학도둑 51 © 2016 written by Song Do Su & illustrated by
Seo Jung Eun & contents by Yeo Woon Bang
Copyright © 2003 NEXON Korea Corporation All Rights Reserved.
Simplified Chinese Translation rights arranged by Seoul Cultural Publishers, Inc.
through Shin Won Agency, Seoul, Korea
Simplified Chinese Translation Copyright ©2021 by Beijing Double Spiral Culture & Exchange Company Ltd.

冒险岛数学奇遇记.51，特殊的幻方

著　　者：〔韩〕宋道树　　　　　　绘　　者：〔韩〕徐正银
译　　者：张蓓丽

出版人：蔡　旭　　　　　　　　　出版策划：双螺旋童书馆
责任编辑：徐　玥　　　　　　　　　封面设计：沈银苹
策划编辑：唐　浒　王　蕊　王　赢

出版发行：台海出版社
地　　址：北京市东城区景山东街20号　邮政编码：100009
电　　话：010-64041652（发行，邮购）
传　　真：010-84045799（总编室）
网　　址：www.taimeng.org.cn/thcbs/default.htm
E-mail：thcbs@126.com

经　　销：全国各地新华书店
印　　刷：固安兰星球彩色印刷有限公司
本书如有破损、缺页、装订错误，请与本社联系调换

开　　本：710mm×960mm　　　　　　1/16
字　　数：186千字　　　　　　　　印　张：10.5
版　　次：2020年12月第1版　　　　印　次：2021年3月第1次印刷
书　　号：ISBN 978-7-5168-2773-4

定　　价：35.00元

前言

重新出发的《冒险岛数学奇遇记》第十辑，希望通过创造篇进一步提高创造性思维能力和数学论述能力。

　　我们收到很多明信片，告诉我们韩国首创数学论述型漫画《冒险岛数学奇遇记》让原本困难的数学变得简单、有趣。

　　1~30 册的**基础篇**综合了小学、中学数学课程，分类出 7 个领域，让孩子真正理解"**数和运算**""**图形**""**测量**""**概率和统计**""**规律**""**文字和式子**""**函数**"，并以此为基础形成"**概念理解能力**""**数理计算能力**""**理论应用能力**"。

　　31~45 册的**深化篇**将内容范围扩展到中学课程，安排了生活中隐藏的数学概念和原理，以及数学历史中出现的深化内容。此外，还详细描写了可以培养"**理论应用能力**"，解决复杂、难解问题的方法。当然也包括一部分与"**创造性思维能力**"和"**沟通能力**"相关的内容。

　　从第 46 册的**创造篇**起，《冒险岛数学奇遇记》以强化"**创造性思维能力**"和巩固"**数理论述**"基础为主要内容。创造性思维能力，是指根据某种需要，针对要求事项和给出的问题，具有创造性地、有效地找出解决问题方法的能力。

　　创造性思维能力由坚实的概念理解能力、准确且快速的数理计算能力、多元的原理应用能力及其相关的知识、信息及附加经验组成。主动挑战的决心和好奇心越强，成功时的愉悦感和自信度就越大。尤其是经常记笔记的习惯和整理知识、信息、经验的习惯，如果它们在日常生活中根深蒂固，那么，孩子们的创造性就自动产生了。

　　创造性思维能力无法用客观性问题测定，只能用可以看到解题过程的叙述型问题测定。数理论述是针对各种领域和水平（年级）的问题，利用理论结合"**创造性思维能力**"和"**问题解决方法**"解决问题。

　　尤其在展开数理论述的过程中，包括批判性思维在内的沟通能力是绝对重要的角色。我们通过创造篇巩固一下数理论述的基础吧。

　　来，让我们充满愉悦和自信地去创造世界看看吧！

出场人物

哆哆

凭借出色的战略方法大获全胜，赢得了宝尔和阿兰的绝对支持。拼尽全力为利安家族的后裔洗刷罪名，找回家族丢失的名誉。

默西迪丝

与阿兰不同，她到现在都没有完全信任哆哆。竭尽全力帮助弟弟阿兰坐稳家族族长的位置。

前情回顾

阿兰的真心打动了石头面具族族长，让石头面具族族长在最终对决之后和他站到了一起，而策划了这一整件事情的哆哆则得到了阿兰和宝尔的绝对支持。另一边，俄尔塞伦公爵垂涎皇位，对阿兰一行人发动了大规模的攻击，却被哆哆击败，成了俘虏……

阿兰

哆哆说的话，他无条件信任。为了恢复父亲的名誉，重振整个家族，再难再辛苦的事情都能做到，是真正的一族之长。

皇后

俄尔塞伦公爵的双胞胎妹妹，所有坏事的主谋。虽然一直埋怨哥哥拖后腿，但是内心还是认为兄妹要齐心。

俄尔塞伦公爵

担任螺旋帝国所有重要职务，是拥有无上权力的总司令官。一心想登上皇位的他现在被阿兰一行人抓住，成了俘虏。

艾萨克将军

没有能力，为了升职可以不择手段。一直忍受俄尔塞伦公爵的压迫，也是为了能够晋升。

宝儿

代号为千年女巫，独自一人生活在大山深处一个铁桶般牢不可破的地方，需要特殊密码才能进入。

目 录

兄妹一体

我劝你们还是赶紧放了我为好！

因为皇后马上就会率领军队来救我了！

要是帝国军队真的攻打过来的话，我们是没办法对抗的。

你们不过是一群小老鼠！还不赶紧跪地求饶！

哈哈

有种我们才是俘虏的感觉……

要是能答对我出的问题，就把你放了。

真的？

对，哆哆大哥的意思就是我的意思。

他怎么这么相信哆哆啊。

好，你们要是以后又啰啰唆唆反悔的话可别怪我不客气啊！

嘻嘻

这群家伙看来根本就不知道我有多聪明啊。

提问！假设一只猫抓一只老鼠要花1分钟……

那抓 1000 只老鼠要花多长时间呢？

哈哈哈哈！

这种问题也好意思拿出来问？答案，1000 分钟！

换算成小时的话就是 16 小时 40 分钟！对吧？

叮，错了！

为什么？

我觉得是对的啊……

一只猫……

别说抓 1000 只老鼠了，不被老鼠追得到处乱窜就算好的了！

喵啊啊啊！

说、说得也是……

好、好吧。我就暂时先承认我是你们抓来的俘虏吧。

您早这样咱不就能好好谈了嘛。

你们到底想和我谈什么？

很简单。我们想请您把做过的所有不法之事都以文本的形式记录下来。

呀

你说什么？你觉得我会做那种事吗？

当然不会啦……

等一下。我们并不是要将公爵您的不法行径公之于众。

那是？

○（解析见第 165 页）

正确答案

当然是皇后的不法行径啦!

看、看来你们是想离间*我们兄妹二人之间的关系,你们觉得这点儿小把戏就能让我就范?

*离间:从中挑拨使不团结、不和睦。

那就可惜了。我们可是很有诚意想跟你聊聊的……

那就让俄尔塞伦公爵感受一下最严厉的惩罚吧!

干吗这么着急……

惊吓

既然聊不下去了，也就没有必要磨磨蹭蹭*的了，不是吗？

*磨磨蹭蹭：缓慢地向前行进，形容做事动作迟缓。

宝尔将军，动手吧！

好的。

等一下！

我揭发皇后的不法行径，不过跟我有关的我是不会说的。

这正是我想要的！像公爵您这样儒雅稳重的人怎么会做不法的事情呢！当然都是皇后做的啦。

嗖

121章-2
突袭
判断题

A 和 B 都是不为 0 的一位数，且 A < B。那么，能让两位数 AB 和 BA 都是质数的 A、B 有 4 组。

第121章 兄妹一体 15

几天后，皇宫

呜呜

其他人全都被抓走了，只有你逃了回来？

正确答案　○（解析见第 165 页）

是……

那你也应该一起被抓走才是啊，还跑回来干什么？

啊？

他们越来越厉害了。不能再这样放任不管了！

传令下去，整个帝国军队全体出动！我要亲自消灭他们！

怒火

可我只想休息……

皇、皇后娘娘!

有 4 个约数的最大两位数是（　　　）。

还记得我给你的承诺吗？我说要把整个帝国送给你当礼物……相信我，会成功的。

我去收拾行李啦……

嗒嗒嗒嗒

我跟哆哆一起去。

姐姐……

我怎么知道哆哆见到皇后之后，会不会和她一起搞什么阴谋？

惊讶

95（解析见第165页）

正确答案

难道姐姐到现在都不相信哆哆大哥吗？

等等，哆哆绝对不会背叛我们的。

不过，我认为把利安家族的命运全都压在哆哆一个人身上也不好。

这倒也是。

我和哆哆一起去见皇后。

不，宝尔叔叔你不行！

都愣着干什么，还不赶紧把这两个逆贼抓起来！

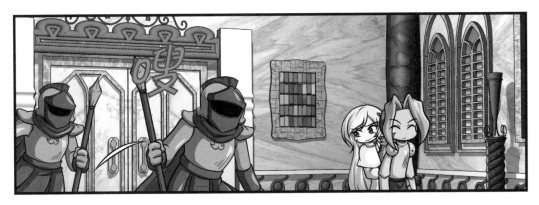

俄尔塞伦公爵可还在利安家族的手里，您这样对我们好吗？

正所谓公私分明！我不能因为哥哥而饶过你们这群逆贼。

您果然很公正。看来我们是逃不过惩罚了。

那是当然！莫非你们还想着能全身而退？

那我们就接受惩罚呗。哈哈哈……

哆哆……

立刻拖下去！

估计您看完之后会大吃一惊的。

嗒嗒嗒嗒

先让我把这个放下再走。这可是公爵殿下亲自写的，请您慢慢看。

放

等、等等！

看什么？

没、没看什么。

把这两个逆贼给我留下，其余人都退下去。

啊？

没听到？

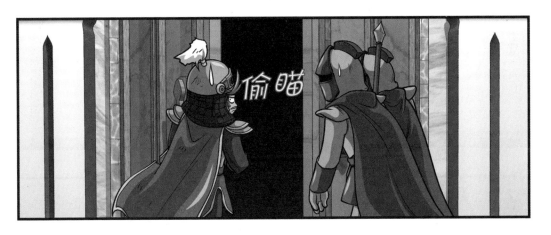

偷瞄

是不是大吃一惊？

翻来 翻去

我要把他给……

原件放在利安家族的金库里。为了抄写这些，胳膊都快断了。

嘿嘿

你想干什么？

敏锐

这里不是说话的地方吧！要不换个地方再说。

那您还是惩罚我们吧……

你一个逆贼要求还这么多！

　　如今我们的生活中随处可见各式各样的号码和编码。例如，住房小区的楼门号、邮政编码、电话号码、商品编号、企业注册号、身份证号码、学号、银行卡号、国际标准书号（ISBN），以及各种密码等。这种号码一般都会按照一定的规则来编定，尤其是这里的国际标准书号（ISBN）和身份证号码，现在我们就一起去了解一下这两种号码吧。

　　首先给大家介绍的是国际标准书号。在《冒险岛数学奇遇记50》的封底有一个像［图1］一样的条形码。

[图1] ISBN 条形码

　　类似车牌号这样的数字或文字现在可以快速准确地被识别出来，但是在过去可是不行的。把一长串数字或文字输入电脑不仅非常麻烦，而且还很容易输错。为了避免发生这种情况，条形码就被发明了出来。这种方法就是用一组黑条和空白来表达数字或文字，再利用识读器对这些条码进行光电识别，将其再次转换为对应的数字或文字。我们看一下［图1］的 ISBN 后面所罗列的数字，978-7 表示国家、语言或区域代码，5168 表示出版社代码，2446 表示书序码，7 表示校验码。

〈参考〉　在编写或输入这种ISBN编码的时候，右边最后一位数（也就是ISBN的第13位数），就会被用来确保编码的准确度。因此，它被称为校验码。校验码是根据前面12位数计算得出的。

　　用"计算公式"：奇数位数字之和加上 3 乘以偶数位数字之和计算出的结果除以 10，取其余数设为 r，则 $10-r$ 就是校验码的数值。但是，当 r 为 0 时，$10-r$ 就会得出一个两位数，所以这个时候的校验码取 0，也就是说，包含校验码在内的 13 位数 ISBN 通过"计算公式"算出的结果除以 10 之后的余数就是 0。

应用问题 （1）请检查第 29 页 [图 1] 中《冒险岛数学奇遇记 50》一书的 ISBN 是否正确。

（2）如图所示，《冒险岛数学奇遇记 46》一书的 ISBN 校验码被涂掉了，请将它计算出来。

ISBN 978-7-5168-2435-□

（3）如图所示，《冒险岛数学奇遇记 47》一书的 ISBN 校验码被涂掉了，请将它计算出来。

ISBN 978-7-5168-2436-□

（4）如图所示，《冒险岛数学奇遇记 48》一书的 ISBN 校验码被涂掉了，请将它计算出来。

ISBN 978-7-5168-2448-□

（5）如图所示，《冒险岛数学奇遇记 49》一书的 ISBN 校验码被涂掉了，请将它计算出来。

ISBN 978-7-5168-2445-□

〈解答〉（1）（9+8+5+6+2+4）+3×（7+7+1+8+4+6）=133，133 除以 10 的余数是 3，所以校验码是 10-3=7，这个 ISBN 是正确的。

（2）（9+8+5+6+2+3）+3×（7+7+1+8+4+5）=129，129 除以 10 的余数是 9，所以校验码是 10-9=1。

（3）（9+8+5+6+2+3）+3×（7+7+1+8+4+6）=132，132 除以 10 的余数是 2，所以校验码是 10-2=8。

（4）（9+8+5+6+2+4）+3×（7+7+1+8+4+8）=139，139 除以 10 的余数是 9，所以校验码是 10-9=1。

（5）（9+8+5+6+2+4）+3×（7+7+1+8+4+5）=130，130 除以 10 的余数是 0，所以校验码是 0。

论题 中国的"身份证号码"是由哪些部分构成的？

〈解答〉身份证号码一般由 18 位数组成。

（1）第 1、2 位数字表示所在省份的代码。

（2）第 3、4 位数字表示所在城市的代码。

（3）第 5、6 位数字表示所在区县的代码。

（4）第 7 到 14 位表示出生年月日。

（5）第 15、16 位数字表示所在地派出所的代码。

（6）第 17 位数字表示性别，奇数表示男性，偶数表示女性。

（7）第 18 位数字是校验码，由号码编制单位按统一的公式计算出来的。

你想跟我聊什么？

我哥哥做过的坏事可比这多十倍，十倍算什么，百倍、一百倍！

原来如此！

您可真是坏事做尽啊。

那诬陷利安侯爵也是俄尔塞伦公爵做的吗？

是、是的。我其实是不同意的。

别扭

她在说谎。这事儿皇后是主谋。

嘀嘀咕咕

实际上我也认为皇后娘娘您不像是会做坏事的人。

你看人的眼光还蛮准的嘛。

我有三件事想跟您谈谈。

第一，请还利安侯爵一个清白，并为利安姐弟洗清罪名！

生气

第二件呢？

请您逮捕俄尔塞伦公爵，让他对所有的不法行径负责！

你说什么？

愤怒

您是在生气吗？

您跟公爵的反应还挺不一样的。他听了我的提议之后还挺高兴呢……

我们把所有的罪行都推到皇后身上！然后就请公爵您趁机夺权，我们所希望的不过是洗清利安姐弟的罪名而已。

这个法子真不错！我知道了，就这么干！

熊熊　怒火

如果您想拒绝我们的话就拒绝吧。

毕竟我们和俄尔塞伦公爵联手对付皇后娘娘也是一样的。

你这个狂妄的家伙，你可知道让你死在这里不过是我一句话的事儿！

这些威胁对我没用！我要是怕死，就不会跑到这里来了！

皇后娘娘！

○（解析见第165页）

正确答案

哆哆……好勇敢啊！

呃啊

好吧。

我会逮捕俄尔塞伦公爵，洗清利安姐弟的罪名！

最后一件事是什么?

请任命我为大内总管*,让我能在皇后娘娘身边伺候。

*大内总管:管理皇宫奴仆和各项事务的人。

我没别的意思。只不过是想确保皇后娘娘能遵守我们的约定。

这个想法不错。

嘻嘻

正好皇室也需要像哆哆将军这样的人才。

幸好结果比想象的要好。

你怎么一副这样的表情?

是因为我们没能定皇后的罪?这个等到阿兰登上皇位之后再定也不迟……

你把我当傻子吗?这些我还是知道的!

你为什么要去皇后身边当总管？

我不是说了嘛。我要是不在她旁边看着的话，谁知道她会不会又要什么心眼。

你难道不是觉得皇后漂亮才这样的？

当然不是！

在我看来，你跟皇后一样阴险。

我怎么知道你会不会跟皇后联手搞什么阴谋诡计？

你说什么？

122章-2
突袭
判断题

书店里售卖的所有图书上都标有 ISBN，这被称为国际标准书号。

第122章　公爵，进监狱去吧　41

正确答案　○（解析见第165页）

* 赦免：以国家命令的方式减轻或免除对罪犯的刑罚。

ISBN（国际标准书号）中的最后一位数叫作（　　）。

好久不见啊，哥哥。

你怎么能这样对我？

看来你不是很想好好跟我说话啊！

那是当然啊！跟你这种叛徒有什么好说的！

正确答案　校验码（解析见第165页）

知道了，那我走了。

转身

等等！

偷瞄

好吧，我们聊聊。

事情之所以变成这样，都是哥哥你造成的！你被利安家族抓住，成了他们的俘虏，这还不够，竟然还背叛我站到了他们那边！

没、没错。

尴尬

但是你也没好到哪里去。以后谁来守护你？你要眼睁睁地看着阿兰登上皇位吗？

说得对，所以我们一定要团结才行。

毕竟我们兄妹是一体的！

嘻嘻

中国身份证号码第17位数字表示性别，奇数表示（　　），偶数表示（　　）。

第122章　公爵，进监狱去吧　49

只要你代替我哥哥在监狱里待一个星期就行了。情况紧急不得已才这样的。一个星期后就把你们换回来。

呃嗯

狱吏！

到，俄尔塞伦公爵！

只有我们两个人的时候你不用这样。其实我是艾萨克将军，又不是真的俄尔塞伦公爵，对吧？

不是的。您就是俄尔塞伦公爵！

哎

那就当是吧……

反正我一个星期之后才能出去，这段时间我们好好相处吧。

哈哈

公爵您被判的是终身监禁，所以一直到死您都出不去。

那是当然了。但是我不是俄尔塞伦公爵呀！皇后娘娘答应一个星期之后就把我们换回来。

惊

皇后娘娘不允许别人来探望您，并且命令我们监视您，让您好好在监狱里待着。

我、我这是被骗了?

给我把狱长叫来! 我要把这一切都公之于众!

您要把什么公之于众?

我不是俄尔塞伦公爵! 我是收了钱来冒充他的!

您知道帝国刑法第 250 条第一项是什么吗?

是什么?

收钱顶替罪犯坐牢者一律死刑。

当然要报仇了。

嘿嘿

怎么报？

我已经打听到有专门负责干这种事儿的人。

啊哈……

他可是这当中最厉害的高手，值得信赖。

等着瞧吧。不只利安姐弟，就连哆哆我也要让他粉身碎骨！

熊熊怒火

2 特殊的幻方

提高创造力数学教室

培养创造力和数理论述实力

领域 — 数和运算 / 规律性　　能力 — 创造性思维能力

我们已经在《冒险岛数学奇遇记 15》的第 111 页当中学习过 3 阶幻方和 4 阶幻方。

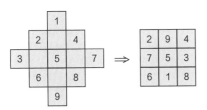

⇒ 反向排列两条对角线

在 $n \times n$ 的幻方中，当 n 是奇数的时候，奇数阶幻方的组成方法与 3 阶幻方一致；但当 n 为偶数的时候，偶数阶幻方的情况就复杂多了。不过，当偶数阶幻方当中的 n 是 4 的倍数时，方法就会简单一些，没有那么复杂。下面就以 6 阶幻方和 8 阶幻方来举例。

1	13	36	25	12	24
35	11	14	8	26	17
33	10	18	19	28	3
4	27	16	21	9	34
32	20	5	23	29	2
6	30	22	15	7	31

每一栏的和 =111

每一栏的和 =260

之前学习的都是正方形样式的幻方，下面我们就来了解一下排列成其他形状的特殊幻方吧。

应用问题① 请使用数字 1 到 6，每个数字只能使用一次，让下列三角形每一边上的三个数字之和相等。

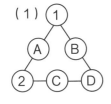
（1）

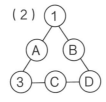
（2）

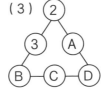
（3）

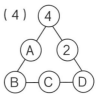
（4）

〈解答〉（1）A=6，B=5，C=4，D=3　　　（2）A=6，B=4，C=2，D=5

　　　　（3）A=5，B=6，C=1，D=4　　　（4）A=3，B=5，C=1，D=6

请使用 1 到 15 当中的数字，完成右边的图，每个数字只能用一次。要求使下一行相邻的两个数之差正好等于上一行所示数字。

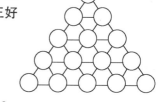

〈解答〉第一行：5　第二行：9,4　第三行：2,11,7
第四行：10,12,1,8　第五行：13,3,15,14,6
除了左右翻转之外，这种排列方式只有这一种情况。

哆哆用写有数字 1 到 9 的九块瓷砖做了一个如右图［示例］所示的大正三角形。后来又偶然发现这个大三角形里有 3 个用 4 块瓷砖组成的小三角形中的数字之和都为 17。请试着将瓷砖重新排列让所有小三角形中的 4 个数字之和等于 23，并思考当这四个数字之和为 20 的时候又该怎么排列。

［示例］

〈解答〉假设将［示例］里的每个数字 n 都换成 10-n 的话，就能得到右边第一张图，满足 4 个数字之和都为 23。第二张图则是和为 20 的一个例子。

要求右图中每条线上的 4 个数字之和都相同，请将 1、2、3、4、5 填入相应的 A、B、C、D、E 这五个圆里。

〈解答〉连接顶点的线段 ⑫－⑧、⑧－⑨、⑨－⑩、⑩－⑥、⑥－⑫当中两个数之和最小的两条线段为⑩－⑥，其次为⑧－⑨，那么这两条线段交叉处的圆 D 就要填 1-5 当中的 5。相反，两个数之和最大的线段⑫－⑧与第二大的线段⑨－⑩交叉的圆 A 就填 1。因为 10+1+B+9=12+1+E+8=8+5+C+9，所以 20+B=21+E=22+C，从而得出 B=4,E=3,C=2。
答案为 A=1、B=4、C=2、D=5、E=3。

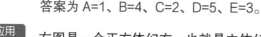

右图是一个正方体幻方，也就是立体幻方。正方体的六个面都有 4 个数字，要使这 4 个数字之和相等，那么 A、B、C 应该各自对应 1、3、8 当中的哪个？

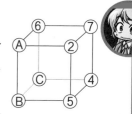

〈解答〉因为正方体右边的侧面之和为 18，所以后面的 C=1，上面的 A=3，前面的 B=8。

〈参考〉像右图这样，由 8 个正方体组成的大正方体中一共有 27 个顶点。用数字 1 到 27 来标注所有顶点的话，就会形成一个每边有三个数字且这三个数字之和都等于 42 的正方体。虽然每个面对角线上的三个数字之和不是 42，但是大正方体对角线上的三个数字之和却依旧为 42。

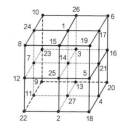

千年女巫

原、原来她住在这种地方啊！

这地方好适合女巫居住啊，对吧?

嗒嗒嗒

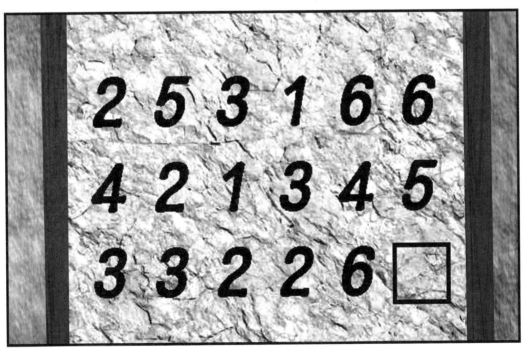

2 5 3 1 6 6
4 2 1 3 4 5
3 3 2 2 6 □

123章-1
突袭
判断题

可以用 1、2、3、4 组成一个 2×2 的幻方，并让每列数字之和等于每行数字之和。

看来这是用来开门的密码了！

这可能是女巫小姐用来测试来访者智能*的题目了。

*智能：智慧和能力。

这样看来只能头脑好的我出手了……

哥哥你的头脑不是好，而是结实！莫非你打算用头把它撞开？

交给我吧。

你真是……

怒视

正确答案　×（解析见第165页）

解出来了！每一行的第一个数字和第三个数字相乘就得到第五个数字，第二个数字加上第四个数字就得到第六个数字。

真的吗？

第一行
2 × 3=6
5+1=6
第二行
4 × 1=4
2+3=5
第三行
3 × 2=6
3+2=□

哇……真的是这样呀！

所以正确答案为 5。

没想到她真聪明……

啊，您好……

好什么好，你们干吗在别人家的大门上乱画？

啊？我们是画开门的密码……

什么密码？这门这么好开！

这要怎么办？我是为了背九九乘法表才把这个数字表刻在这里的！

九、九九乘法表？

看！25 得 3,16 得 6,42 得 1,34 得 5,33 得 2……不是正好对得上嘛。

```
2 5 3 1 6 6
4 2 1 3 4 5
3 3 2 2 6 5
```

这、这应该是魔法九九乘法表*吧……

话说回来，你们是谁呀？

*魔法九九乘法表：指两个数以十进制相乘后除以 7 得到的余数作为其乘积的乘法表。

 123章-2
实装
判断题

一个 2×2 $\begin{bmatrix} a & b \\ c & d \end{bmatrix}$ 型的幻方，要使每行、每列、对角线上的数字之和都相等，只有当 $a=b=c=d$ 的时候才成立。

第123章 千年女巫 67

○（解析见第 166 页）

正确答案

哗啦啦

居然吐口水，你这是做什么？

那是普通的口水吗？

黏黏

糊糊

啊，这比手铐还牢固！

哈哈哈

若是 10 年不刷牙，你的口水也会变得这么黏糊，比钢铁还坚韧！

哎哟，这味道……

黏黏

不会真的 10 年没刷牙吧……您这也太夸张了吧？

夸张？

当然了，我也不是完全不管我的牙齿。

翻找

别的先不提，用牙线清洁我还是一直很注重的。

嗖

牙线

123章-3
押宝
填空题

用 1~6 之间的数字组成的三角形幻方

$\triangle$ 中，每边三个数

1
A B
2 C D

的幻和是（　　　）。

第 123 章　千年女巫　　71

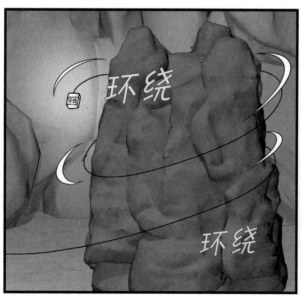

正确答案　9（解析见第166页）

一个普通的牙线用 10 年以上就会变得这么厉害啦。这不也说明我的口水比钢铁还坚韧吗?

对不起，是我们有眼不识泰山！

恭敬

知道就好……

不过没认出来我，你们是要为此付出代价的！

您只管说……

除了"宝儿斯塔莎人偶系列"以外，我还要宝儿斯塔莎的朋友——"德里奇人偶系列"！

那个人偶卖得很贵吗?

嘀嘀咕咕

价格不是问题,主要是太受欢迎了买不到。

听说火得不得了,妈妈们为了能买到一套人偶,要半夜去排队。

看来我们得吃点苦头了。

怎么,你们做不到吗?

没有,我们一定会为您买到的!

嗯,很好。那我们就来谈谈正事吧?

你们想让我修理谁?

坐

就是他们……

这样的

那样的

123章-4
押宝
填空题

用 1 到 64 之间的数字组成一个 8×8 的幻方,那么每行(列)的数字之和为（　　）。

呃，小事一桩。

你给我画一幅他们住址的示意图*。

专注

*示意图：为了说明内容较复杂的事物的原理或具体轮廓而绘成的略图。

都画在这上面了。

嗖

上面没有写什么字吧？我可不识字！

伸长

拿

好厉害好高超的魔法呀!

呼!

哇

这不是魔法。

我这个人躺下了之后呢,就压根儿不想动。

呼味

伸长

那要不我就先悄悄潜过去啦？

起身

您是要骑扫把去吗？

我觉得应该是腾云驾雾……

哇

咻咻

扫把？跟打扫有关的一切东西我都讨厌。我也不喜欢云！乌云漫天的日子里，搞得人连白天黑夜都分不清，只能睡一整天，连饭都不能好好吃！

这样啊……

我从小就有一套只属于我自己的移动方式！

嘿嘿

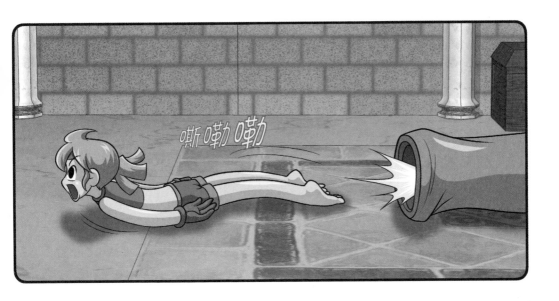

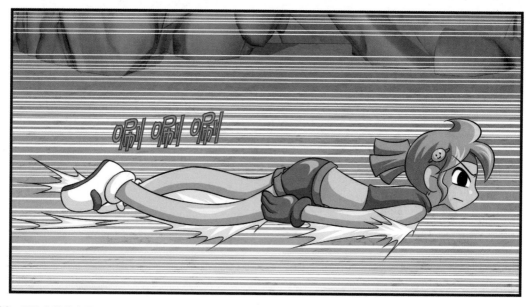

3 圆与四边形

提高创造力数学教室

培养创造力和数理论述实力

领域—图形   能力—理论应用能力／创造性思维能力

提示文

我们在学校学习的图形（几何）课程当中，在平面图形里多边形和圆占据了很大的比重。几何课程中会使用到的专业术语特别多，我们要对此了如指掌才行。那接下来就让我们去了解一下四边形与圆内接、外切时分别有哪些性质吧。

四边形和圆内接是什么意思呀？

当我们在说"内接"这个词的时候，一定要加上明确的对象——"什么内接什么"。

"四边形内接圆"和"圆外切四边形"是一个意思。像这样，当主语和宾语互换，"内接"和"外切"也要随之改变。

论点1 请画出与圆相关的专业术语，并予以说明。

〈解答〉在平面图形当中，一些术语名词主要是以点、线、角为基础的。[示例] 中第一个圆上的线段 CD 叫作直径，线段 OA 叫作半径，通常半径的长度用 r 来表示。连接圆周上 A 和 B 两点的线段 AB 被称为弦。直线 l 与圆有两个公共点叫作割线。直线 m 与圆只有一个公共点叫作切线，这个公共点 P 就称为切点。

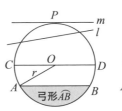

[示例]

线段 AB 将圆分为两个部分，每一部分的曲线（圆周的一部分）叫作弧，小于半圆的弧 AB 叫劣弧，大于半圆的弧 ACB 叫优弧。弦 AB 与弧 AB 组成的这个类似弓的平面图形被称为弓形。[示例] 中的第二个圆中 $\angle AOB$ 是弧 AB（或弦 AB）所对的圆心角，$\angle ACB$ 则是弧 AB（或弦 AB）所对的圆周角。另外，弧 AB 与半径 OA、OB 组成的图形就被称为扇形。

论点2 将圆周分成 n 等份，并依次连接这些点，就画成了一个正 n 边形。圆周长等于 $2 \times$ 圆周率 $\times$ 半径 $=2\pi r$，且 n 可以无限增大，请证明圆的面积为 πr^2。

〈解答〉圆 O 的中心点 O 到内接正 n 边形某一边（即圆心到某一边的垂线）的距离叫作边心距。 正 n 边形的面积等于 n 个三角形的面积，即 $n \times (\frac{1}{2} \times a_n \times h_n)$，当 n 无限大的时候，正 n 边形的面积等于圆面积，此时 $h_n \to r$，$n \times a_n$（多边形的周长）$\to 2\pi r$（圆周长），所以 $n \times (\frac{1}{2} \times a_n \times h_n) = \frac{1}{2}(n \times a_n) \times h_n \to \frac{1}{2} \times 2\pi r \times r = \pi r^2$。

论题 当一个四边形的四个顶点都在同一个圆上的时候，称这个四边形为圆内接四边形。请说出当四边形 ABCD 符合哪些条件时才是圆内接四边形。

〈解答〉只要它能满足以下三个条件中的任何一个即为圆内接四边形。

（1）四边形的对角互补。

（2）设两条对角线的交点为 P，则 $|PA| \times |PC| = |PB| \times |PD|$（相交弦定理）。

（3）两条对角线和四条边长满足 $|AC| \times |BD| = |AB| \times |CD| + |BC| \times |AD|$（托勒密定理）。

(1)

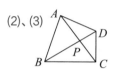
(2)、(3)

应用问题 请找出下列图形中所有的圆内接四边形。

①

②

③

〈解答〉① $70° + 100° \neq 180°$，　② $4 \times 9 = 6 \times 6$，

③ $65 \times 56 = 25 \times 52 + 39 \times 60$。

因此，圆内接四边形有②、③。

〈参考〉当两条线在圆外相交时，会出现下列图形所展示的三种情况（第四种与圆无交点，不讨论）。

(i)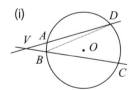

(ii)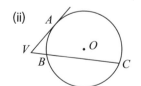

(iii)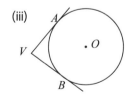

图中 $\angle AVB = (\overparen{CD}$ 的圆周角）$-$（$\overparen{AB}$ 的圆周角）。这是因为 $\angle DBC = (\overparen{CD}$ 的圆周角），$\angle ADB = \angle VDB = (\overparen{AB}$ 的圆周角），且三角形 VDB 当中的 $\angle AVB = \angle DVB = \angle DBC - \angle VDB = (\overparen{CD}$ 的圆周角）$-$（$\overparen{AB}$ 的圆周角）。因为一条弧所对圆周角等于它所对圆心角的一半，所以 $\angle AVB = \frac{1}{2}\{(\overparen{CD}$ 的圆心角）$-$（$\overparen{AB}$ 的圆心角）$\}$。同理，（ii）和（iii）也可证明出来。

女仆登场

既然现在我们已经将罪名洗刷干净了，那接下来就要着手恢复我们利安家族作为帝国第一贵族的家族传统*了。

这件事是该开始了。

* 传统：世代相传，具有特点的社会因素，如文化、道德、思想、制度等。

首先要雇用一个管理家务的女仆。

不用了，家务活儿就交给我吧。

咦?

被子也全都洗干净了吗?

严肃

嗯……

是手洗的吧?

当然……

我的手都快洗断了……

废话少说!

我现在可以休息了吧?

什么?

（解析见第 166 页）

正确
答案

这是我的女儿丽琳。

啊？

你们长得一点都不像！

我过世的妻子可是个美人……

这孩子是以第一名的成绩从"皇室女仆学校"毕业的。

哇啊……

非常荣幸能够见到您。我是丽琳。

好可爱······

以后你叫我"姐姐"就行。

谢谢您，默西迪丝姐姐。

你多大······

她和少爷您一样大。

这可不行。您是一族之长，我要好好服侍您才对。

天哪······

那我们就是朋友啦······

怎么样? 我的女儿你们还满意吗?

当然啦!

她太可爱啦……

希望你以后在我们家好好干。

好的,姐姐。

那我是不是就不用再做家务了?

探出

初次见面,您好,哆哆先生。

你好,以后请多多关照!

你是做了多少家务活儿就在这儿掺和?

你说什么……

你看看我手上的水泡！昨天去医院看了之后，医生让我这段时间最好还是不要再做家务了。

橡胶手套上为什么会有水泡？！

哆哆先生，从现在开始家务活儿就由我来干了。

终于解放啦！

说什么解放！

怒视

以后外面的家务就由你来做！

可怜的哆哆大哥……

那又是什么？

去菜市场采买、扔垃圾、打扫院子、庭院维护，等等！

太过分了。

家里来了个新人，要不我们开个派对吧？

赞成！

那要去菜市场了！哆哆跟上！

嘁……

我去给您准备马车。

大步

大步

阿兰你就先带着丽琳参观一下我们家。

知道了……♫

124章-2
突袭
判断题

一个圆内某条弧所对应的圆心角的大小是这条弧所对应的圆周角的两倍。

第124章　女仆登场　95

丽琳，我带你参观一下家里，跟我来吧！

嗯嗯

坐下

你叫阿兰，是吧？去给我拿点喝的来！

还有你以后要叫我姐姐，我妈妈给我上户口的时候晚了一点，实际上我比你还大一岁。

蒙

正确答案　○（解析见第166页）

你真是个坏孩子！怎么能骗你爸爸呢？

我又不是故意骗他的。他再怎么迫切地希望我成为一名女仆也没办法，我就是不喜欢啊！

我早晚会把真相告诉他的。在这之前，你要替我保守秘密啊。

不，我做不到！

你马上去和宝尔大叔说清楚！

抓

咔嚓

124章-3
押宝
填空题

连接圆上任意两点的线段被称为（　　　），这条线段的两端
向外延伸形成的直线叫作（　　　）。

你要打赢我是不可能的，所以还是老老实实按我说的做！你要是反抗的话可是会受伤的哦，知道了吗？

要不是我们忘记拿菜篮子突然跑回来!

姐、姐姐，你听我解释……

阿兰少爷，您真是太过分了。

丽琳，我们回家!

爸、爸爸!

我不能把你放在这样一个充满暴力的环境下。

不是那样的……

你闭嘴！

请先听我说。

阿兰少爷现在需要的就是我们无微不至的照顾。

我愿意照顾他。

丽琳，原来你是天使！

不过阿兰还是要受点教训才行！

你竟然对一个柔弱的女孩子使用武器！

姐姐，她一点都不柔弱！

阿兰，看来真的要教训你一顿才行！

正确答案　6（解析见第 166 页）

培养创造力和数理论述实力

提高创造力数学教室

4 包含了九个数字的等式

领域—数和运算　　能力—创造性思维能力

在 3×3 的幻方中我们学习了如何运用 1 到 9 这九个数字按一定的条件来排列的方法。从现在开始，我们就来了解一下让 1 到 9 这九个数字当中的每个数字都只出现一次的数字及等式。

（1）拥有特性的九位数
　　① 923,187,456=30384^2（最大的平方数）　　② 139,854,276=11826^2（最小的平方数）
　　〈参考〉这种平方数总共有30个。平方数的第一位数只是1、4、5、6、9。

（2）（两位数）×（三位数）=（四位数）
　　① 28×157=4396（最小的数）　　　　② 48×159=7632（最大的数）

问题1 请找出除了上述（2）所示的等式之外的另外 5 个类似的等式。

〈解答〉18×297=5346, 27×198=5346, 12×483=5796, 42×138=5796, 39×186=7254

（3）（一位数）×（四位数）=（四位数）
　　① 4×1738=6952　　　　　　　② 4×1963=7852

（4）（一位数）×（八位数）=（九位数），且等式两边都出现了这九个数字。
　　① 9×16583742=149253678　　② 3×51249876=153749628　　③ 6×32547891=195287346

（5）（三位数）×（三位数）×（三位数）=（九位数），且等式两边都出现了这九个数字。
　　① 567×843×912=435918672（最大的数）　　② 163×827×945=127386945（最小的数）

（6）（九位数）+（九位数）=（九位数）
　　① 123456789+864197532=987654321

问题2 假设 a 到 i 分别代表 1 到 9 这九个数字，且其中有多个数字符合等式 $abc+def=ghi$，那么当 $gda+heb=ifc$ 也能成立的时候，a 到 i 分别是多少。请找出两组解。

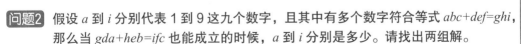
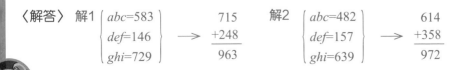

〈解答〉 解1 $\begin{cases} abc=583 \\ def=146 \\ ghi=729 \end{cases}$ → $\begin{array}{r} 715 \\ +248 \\ \hline 963 \end{array}$ 　　解2 $\begin{cases} abc=482 \\ def=157 \\ ghi=639 \end{cases}$ → $\begin{array}{r} 614 \\ +358 \\ \hline 972 \end{array}$

（7）包含了九个数字的乘式

① $158 \times 32 = 79 \times 64$　　② $158 \times 23 = 79 \times 46$　　③ $584 \times 12 = 96 \times 73$　　④ $532 \times 14 = 98 \times 76$

（8）约分之后为单位分数的分数（每项仅列一个）

① $\dfrac{6729}{13458} = \dfrac{1}{2}$　　② $\dfrac{5823}{17469} = \dfrac{1}{3}$　　③ $\dfrac{3942}{15768} = \dfrac{1}{4}$　　④ $\dfrac{2697}{13485} = \dfrac{1}{5}$

⑤ $\dfrac{2943}{17658} = \dfrac{1}{6}$　　⑥ $\dfrac{2394}{16758} = \dfrac{1}{7}$　　⑦ $\dfrac{3187}{25496} = \dfrac{1}{8}$　　⑧ $\dfrac{6381}{57429} = \dfrac{1}{9}$

问题3 请找出符合 $\dfrac{abcd}{efghi} = \dfrac{1}{2}$ 的分数。

〈解答〉因为分母的最后一位数 i 一定是偶数，所以 e=1 肯定是成立的。

$$\dfrac{6792}{13584} = \dfrac{1}{2} = \dfrac{7692}{15384}, \quad \dfrac{7923}{15846} = \dfrac{1}{2} = \dfrac{7932}{15864}, \quad \dfrac{7293}{14586} = \dfrac{1}{2} = \dfrac{7329}{14658}$$

到此为止我们已经了解了让1到9这九个数字当中的每个数字都只出现一次的等式。接下来，就来学习一下让0到9这十个数字当中的每个数字都只出现一次的等式吧。

（9）（三位数）×（两位数）=（五位数）

① $927 \times 63 = 58401$　　　② $402 \times 39 = 15678$　　　③ $715 \times 46 = 32890$

④ $297 \times 54 = 16038$　　　⑤ $594 \times 27 = 16038$　　　⑥ $396 \times 45 = 17820$

⑦ $345 \times 78 = 26910$　　　⑧ $367 \times 52 = 19084$　　　⑨ $495 \times 36 = 17820$

（10）（三位数）+（三位数）=（四位数）

① $347 + 859 = 1206$　　② $437 + 589 = 1026$　　③ $426 + 879 = 1305$　　④ $246 + 789 = 1035$

⑤ $624 + 879 = 1503$　　⑥ $264 + 789 = 1053$　　⑦ $743 + 859 = 1602$　　⑧ $473 + 589 = 1062$

（11）（一位数）+（两位数）+（三位数）=（四位数）

① $4 + 35 + 987 = 1026$　　② $3 + 45 + 978 = 1026$　　③ $3 + 74 + 985 = 1062$

（12）（一位数）×（两位数）×（三位数）=（四位数）

① $1 \times 26 \times 345 = 8970$　　② $2 \times 14 \times 307 = 8596$

（13）（五位数）×（五位数）=（十位数）

① $87021 \times 94356 = 8210953476$

问题4 满足 $\dfrac{abcd}{efghi} = \dfrac{1}{3}$ 的分数，除了（8）所示的以外还有一个。请根据（8）所给出的提示找出这个分数。

〈解答〉根据 $\dfrac{1}{3} = \dfrac{5832}{17496}$ 的后两位数字，可以得出 $\dfrac{23}{69} = \dfrac{32}{96} = \dfrac{1}{3} = \dfrac{5832}{17496}$。

〈参考〉组成的数字的各位位数包含0~9的数字的数称为泛位数。可以是数字0到9（含零泛位数），也可以是1到9（缺零泛位数），而且通常情况下都要求每个数字只出现一次。

宝儿的偷袭

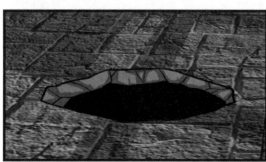

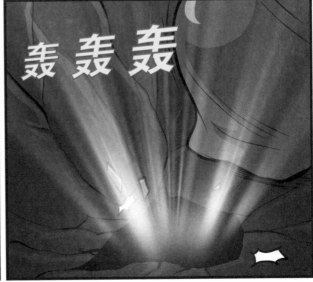

 125章-1
突袭
判断题
平方数的个位数字不能出现 2、3、7、8。

第125章　宝儿的偷袭　113

○（解析见第166页）

这里就是玩越狱的最佳场所。这个箱子里面有铁铲、锄头等各种各样的工具。

祝您玩得愉快。

转身

不要……

绝望

和朋友们一起去郊游的哆哆

嗒嗒　　嗒嗒　　嗒嗒

要不我们来比赛吧？

什么比赛啊？

很有趣的样子……

是吗？

很无聊。

有趣什么啊……

我们分成两人一组，哪个组采来的花更漂亮就算哪个组赢。

125章 -2
突袭
判断题

由 1 到 9 这九个数字组成的九位数当中是有质数的。

×（解析见第 166 页）

请问你是谁?

我不就是会让你们做噩梦的人吗?

啊哈哈哈哈!

咳咳,呛到嗓子了。

总之！

突然来个"总之"？！

我是来修理你的，阿兰·利安！

咻川

咚

有我在这里，你恐怕动不了他！

挡

你一个女仆还是摆饭桌更适合你，在这里逞什么强啊？

 125章-3
押宝
填空题

$a \sim g$ 分别指代 3~9 当中的某个数，如果 $\dfrac{abcd}{efg}$ =12 成立的话，那么 $\dfrac{abcd}{efg}$ 用数字表示则为（　　　　）。

正确答案 $\dfrac{5796}{483}$（解析见第 167 页）

真是可笑。

你这靠的哪是格斗，明明就是靠脚臭才赢的！

你给我闭嘴！这就是格斗！

还不赶紧乖乖投降！

你、你别靠我太近，太臭了！

那你赶紧投降！

嗡嗡嗡

啊，但是凭我的力量还接不住这把战斧……

DDDDDD

不，我早晚都会接住它的！我不仅能够接住它，而且还要用一只手来接住它，帅气地！

闪亮

好帅呀……

好，那我们就开始吧？

不行，你先别动！

$a \sim i$ 分别指代 1~9 当中的某个数，当 $\frac{ab}{cde} = \frac{fg}{hi}$ 这个等式成立的时候，用数字表示这个等式应为（　　　）。

正确答案 $\dfrac{79}{158} = \dfrac{32}{64}$ （解析见第 167 页）

大步 大步

赶紧去告诉皇后你不当她的总管!

我为什么会那样呢?是因为我觉得哆哆会跟皇后站一边吗?

不是的,我也是现在才知道他不是那种人。

说实话,只要一想到哆哆要离开我们,就觉得眼前一片黑暗。

即便我不会原谅哆哆……

我也不想哆哆离开我们。

她不会又在想什么稀奇古怪的法子来折磨我吧?

咚

咚

5 质数（2）

提示文

在《冒险岛数学奇遇记50》的第 131 页当中我们知道了质数的个数是无穷的，以及区分质数的方法。由于质数是无穷的这一神奇特性，数百年前，数学家就对它十分关注了。

以 2 的 n 次方数减去 1 所得的数，被称为梅森数，这个名字来源于在数学等方面有着很深造诣的法国数学家马林·梅森（Marin Mersenne）。按照顺序一一罗列的话就是 1、3、7、15、31、63、127……，按照二进制来排列的话就是 $1_{(2)}$、$11_{(2)}$、$111_{(2)}$、$1111_{(2)}$、……梅森数的格式为 $M_n=2^n-1$，要是 M_n 为质数的话，n 就必须为质数。这是因为若 n 为合数，则 $n=r×s$ 时的 M_n 就会为合数（ 论题1 当中有证明）。例如 $2^{10}-1$，即使没有经过验证我们也知道它不会是质数，因为 2^{10} 的指数 10 是合数（参考 论点1 （2））。

因此梅森数 2^p-1 为质数时，可以得出 $M_p=2^p-1$，这个质数被称为梅森素数，且 p 一定为质数。千万不要忘了，就算 2 的指数 p 是质数，2^p-1 也不一定为质数哦。例如，$2^{11}-1=2048-1=2047=23×89$，这里 p 虽然为质数 11，但是 $2^{11}-1$ 却是一个合数。2^p-1 在质数 p 为 11、23、29、37、41、43 等数字的时候，是不为质数的。

虽然梅森素数没有被证明个数是无穷的，不过大多数数学家都是这样推测的。梅森素数被发现后又经过了这么多年，人们在 2018 年年底发现了第 51 个梅森素数，这是在指数 p 为 82589933 的情况下算出来的。如果用十进制来表示这个质数的话，它足足有 24862048 位哦。

论点1 请确认下列情况是否成立。

(1) $a^3-1=(a-1)(a^2+a+1)$

(2) $a^5-1=(a-1)(a^4+a^3+a^2+a+1)$

(3) $a^{10}-1=(a^2)^5-1=(a^2-1)(a^8+a^6+a^4+a^2+1)$

　　　$a^{10}-1=(a^2-1)(a^4+a^3+a^2+a+1)(a^4-a^3+a^2-a+1)$

(4) 当 r 为 3 以上的奇数时，$a^{rs}-1=(a^s)^r-1=(a^s-1)(a^{s(r-1)}+a^{s(r-2)}+\cdots+a^s+1)$

〈解答〉(1) $(a-1)(a^2+a+1)=a^3+a^2+a-a^2-a-1=a^3-1$

(2) $(a-1)(a^4+a^3+a^2+a+1)=a^5+a^4+a^3+a^2+a-a^4-a^3-a^2-a-1=a^5-1$

(3) $(a^2-1)(a^8+a^6+a^4+a^2+1)=a^{10}+a^8+a^6+a^4+a^2-a^8-a^6-a^4-a^2-1=a^{10}-1$

　　　$a^{10}-1=(a^5-1)(a^5+1)=(a-1)(a^4+a^3+a^2+a+1)(a+1)(a^4-a^3+a^2-a+1)$

　　　$=(a^2-1)(a^4+a^3+a^2+a+1)(a^4-a^3+a^2-a+1)$

(4) 同(3)，将等式右边展开整理之后可得 $a^{rs}-1$。

论题1 请证明在 2^n-1 当中，若 n 为合数，则 2^n-1 也为合数。

〈解答〉假设 n 为合数，则 $n \geq 4$。将 n 进行整数分解后可得 $n=2^k$（$k \geq 2$）或 $n=r \times s$，r 为不为 2 的质数或奇数。

（1）当 $n=2^k=2 \times 2^{k-1}$ 的时候

$2^n-1=2^{2 \times 2^{k-1}}-1=(2^{2^{k-1}})^2-1=(2^{2^{k-1}}-1)(2^{2^{k-1}}+1)$，则为合数。

（2）当 $n=rs$ 的时候（r 为 3 以上的奇数）

根据 **论点1** 的（4）所述，2^n-1 是比 1 大的两个数的乘积，因此 2^n-1 为合数。

所以当 n 为合数时，2^n-1 也一定为合数。

应用问题1 请证明下列数为合数。

（1）2^4-1 （2）2^9-1

〈解答〉（1）因为 $2^4-1=(2^2-1)(2^2+1)=3 \times 5$，所以它为合数。

（2）因为 $2^9-1=2^{3 \times 3}-1=(2^3)^3-1=(2^3-1)(2^6+2^3+1)=7 \times 73$，则其为合数。

论题2 发现了一个新的梅森素数 2^p-1，就等于发现了一个新的完全数。一个数 N 的约数中除掉本身以外所有约数叫作真约数，当 N 的真约数之和等于 N 本身的时候，N 就被称为完全数。

假设 2^p-1 为梅森素数，请证明 $N=2^{p-1} \times (2^p-1)$ 是完全数。

〈解答〉设质数 2^p-1 为 q，那么 $2^{p-1} \times q$ 的所有约数之和就是

$(1+2+\cdots+2^{p-1}) \times (1+q)=(2^p-1) \times (1+q)=2^p+2^p \times q-1-q=2^p \times q$。

在这个数值上剔除 N 本身的话，则 $2^p \times q-2^{p-1} \times q=2^{p-1} \times q=2^{p-1} \times (2^p-1)=N$。所以，$N$ 为完全数。

〈参考〉N 的约数之和为 $2 \times N$ 时，N 为完全数。这是因为（N 的真约数之和）$+N=N+N=2 \times N$。

论点2 请证明完全数 $N=2^{p-1} \times (2^p-1)$（2^p-1 为梅森素数）同从 1 开始的连续 n 个自然数之和相等。

〈解答〉从 1 开始到 n 的自然数之和为 $1+2+3+\cdots+(n+1)+n=\dfrac{n(n+1)}{2}$。

设 2^p-1 为 n 的话，$2^p=n+1,2^{p-1}=\dfrac{(n+1)}{2}$，所以完全数 $N=\dfrac{(n+1) \times n}{2}=\dfrac{n \times (n+1)}{2}$。即，$N$ 为 1 到 2^p-1 的数之和。

应用问题2 请证明 8128 为完全数 (127 为质数)。

〈解答〉假设 $2^{p-1} \times (2^p-1)=8128$，则 $2^p \times (2^p-1)=16256$。

若 $2^p=A$，也就是 $A \times A$ 约等于 16256 的意思。用计算机可以计算出 $\sqrt{16256}$ 等于 127.49……，所以 $2^p=128,$ 则 $p=7$。又因为 $2^p-1=127$ 是梅森素数，所以 $2^6 \times (2^7-1)=64 \times 127=8128$ 为完全数。

墓地里的告白

在这种距离下射箭的话，基本上就是百发百中 * 啊……

这你不用担心。

* 百发百中：每次都命中目标，形容射箭或射击非常准。

她不会射箭。

嗬，你在开玩笑呢。

左边树上那只蜥蜴的尾巴！

嗖嗖

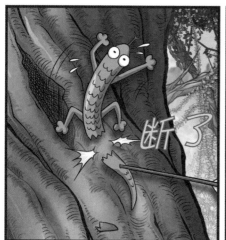

射得这么准!

果然宝儿是不能用常理
来推断的。

你们两个给我站成
一列! 一次解决省
得大家麻烦。

别害怕，默西迪丝。

悄悄

悄悄

你干吗，你是想让我们大家都不好过吗？

我没这个意思……

反正你是射不到我的！

都这个时候了还说大话……

他到底是为什么说这种话啊？

无语

我一箭就能解决你！

啊，我失手了！

这次我绝不会失手的！

然后，接连不断的……

很好，那我就不用箭了。

就用格斗来消灭你吧！

126章-1
突袭
判断题

当 2^n-1 为质数时，n 一定为质数。

○（解析见第 167 页）

怎、怎么办，哆哆?

什么怎么办?
当然是乖乖等
着我一拳把你
击毙。

等等，我要问个问题。

突然问问题？

你的钢铁拳和铁头功！

这两者中哪个更厉害？

我、我不在乎这种事儿……

我只在乎能不能把你们干掉！

不对！其实你已经开始好奇了！

我说了没有！

啊，真是太好奇了，忍不下去了。

正确答案 ○（解析见第 167 页）

赶快醒醒，阿兰！

战斧呢？

战斧？没有看到啊？

起

也许是因为我承受不住，它就自己消失了。

一股脚臭味就把你熏晕了？

你闻闻试试，那可不是一般的脚臭味！

啊，头好疼啊。到现在我都觉得那股脚臭味还萦绕在我周围。

刺痛

话说回来，太阳都下山了。

大晚上在森林里乱走会出事儿的！

我们赶紧回家吧。

那我们来点篝火吧！

不、不行……

我们现在没那个闲情吧。

126章-3
押宝
填空题
一位数 A、B、C 都为质数，若三位数 ABC 分别是 A、B、C 的倍数，那么 $ABC=($ $)$。

第126章 墓地里的告白 149

是、是狼。

最小的完全数是（　　　　）。

第126章　墓地里的告白　153

6（解析见第 167 页）

两小时后

嗷呜呜

这群狼可真有
毅力啊……

别担心，再等等，
它们就会走的。

原本以为他是个不懂事的少爷，没想到还挺可靠的。

我问你一个从哆哆大哥那儿学来的趣味数学题吧？

好啊！

假设6只猫能在6分钟内抓6只老鼠……

这个问题我知道。你是不是要问那一个小时内能抓多少只老鼠？

是让你分析一下6只猫在6分钟内抓6只老鼠的4种情况。

什么？

不对！哆哆大哥可不会出这么简单的问题。

但是，要先假设每只猫的捕鼠能力是一样的，没有滥竽充数的，每只猫都能抓到老鼠。

这问题有点奇怪呀……

想想看！

想不出来，答案是什么呀？

首先，假设6只猫全部一起出动，抓到1只老鼠耗时1分钟！这样一来，如果要抓6只老鼠，一共就需要6分钟。

解答❶

假设猫×6抓获老鼠×1的时间＝1分钟，抓获老鼠×6的时间＝6分钟。

在猫咪们抓这只老鼠的时候，其余的老鼠在干吗？

可能在乖乖排队等着被抓吧。

什么呀？哈哈哈哈……

解答②

假设猫 × 3 为一组抓获老鼠 × 1 的时间=2分钟，2组猫抓获老鼠 × 6 的时间=6分钟。

第二种情况就是假设 3 只猫为一组去抓 1 只老鼠需要 2 分钟。

哈哈哈

剩下的我也知道。第三种就是假设 2 只猫为一组去抓 1 只老鼠需要花费 3 分钟！第四种情况就是假设 1 只猫抓 1 只老鼠需要 6 分钟！

说得对！

嗷

解答③~④

假设猫 × 2 为一组抓获老鼠 × 1 的时间=3分钟，3组猫抓获老鼠 × 6 的时间=6分钟。

假设猫 × 1 抓获老鼠 × 1 的时间=6分钟，6只猫抓获老鼠 × 6 的时间=6分钟。

另一边，逃出了森林的
默西迪丝和哆哆……

嗒嗒嗒嗒

来到了利安家族的
墓地里……

太暗了，现在回家太危险了，我们就在这儿将就一晚吧。

在墓、墓地里？我害怕……

这里是利安家族的墓地，你有什么好怕的呀？

话、话是这么说没错……

这个是你父亲的坟墓吧？

哎哟喂，好舒服啊。你也赶紧坐下吧。

坐下

坐

啊，我肚子突然好疼啊。

我先去拉个便便。

起身

你让我一个人在这儿？

那我拉在你旁边？

不！你赶快去吧。

你要快点回来啊！

嗒嗒

偷瞄

嗖

真的……是爸爸您吗?

什么呀,这也太好骗了吧?

您在天上好好歇着就行了,跑下来干吗呀?

呜呜

我太闷了就跑出来了了了了了……你为什么老是欺负哆哆呀呀呀……他是那么善良的一个孩子子子……

我也是才知道,原来他是个善良的孩子……

那你为什么么么么……

爸爸,我是讨厌我自己才那样的。

我好像……喜欢哆哆。

脸红红

真的吗?!

冒出

惊

Alex Jones Marquess of Lien 1524~

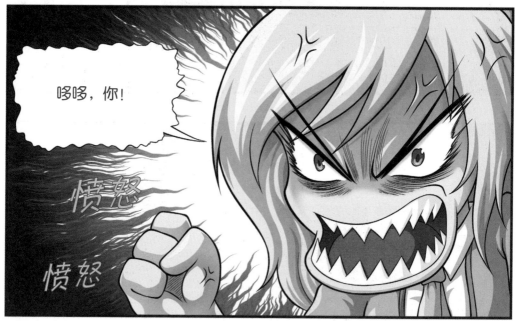

哆哆，你!

愤怒

愤怒

姐姐不讨厌哆哆大哥了?　　敬请期待《冒险岛数学奇遇记》第52册!

趣味数学题解析

21章-1

解析 有 2，3，5，7，11，13，17，19，23，29 这 10 个数。

21章-2

解析 可以找到 13 和 31、17 和 71、37 和 73、79 和 97 这四组数。

21章-3

解析 有 4 个约数的数在整数分解后为 p^3 或 $p \times q$。因为它是比 100 小的两位数，所以可以在 3^3、7×13、3×31、2×47、5×19 等选择当中找出 $5 \times 19=95$ 才是最大的两位数。按照 99、98、97……的顺序来推断的话也能快速找出。

21章-4

解析 将有 8 个约数的自然数进行整数分解的话，则会得到 p^7, p^3q, pqr 这三种形式。每种形式都会在 $p=2$，$q=3$，$r=5$ 的情况下成为最小的自然数，因为 $2^3 \times 3 < 2 \times 3 \times 5 < 2^7$，所以 $2^3 \times 3=24$ 就为拥有 8 个约数的最小自然数。

22章-1

解析 中国身份证号的第 1、2 位数字表示所在省份的代码。

22章-2

解析 国际标准书号，简称 ISBN，是专门为识别图书等文献而设计的国际编号。

22章-3

解析 在电脑里编写或输入这种 ISBN 编码的时候，校验码用来确保编码准确度。校验码是根据前面的 12 位数计算得出的。

122章-4

解析 中国身份证号码第 17 位数字表示性别，奇数表示男性，偶数表示女性。

123章-1

解析 用 1、2、3、4 不可以组成一个 2×2 的幻方，让每列数字之和等于每行数字之和。

解析 由 $a+b=a+c=a+d$ 求得 $b=c=d$，而 $a+b=c+d$，所以 $a=d=c=b$。

解析 假设三角形幻方左边的三个数为 1、A、2，已经把最小的 1、2 都包含
了，那么显而易见 A=6。求得的幻方如右图所示，所以每条边上的三个数的
幻和为 1+6+2=9。

解析 $1+2+\cdots+64=\frac{1}{2} \times 64 \times 65=2080$。因为一共有八行，所以每行的和为 2080÷8=260。

解析 一般来说，正 n 边形不是与圆内接，就是与圆外切。若与圆内接的正 n 边形的 n 是
无穷大的话，则它的周长就会趋近于其外接圆的周长。

解析 右图中△AOC 和△BOC 都是两个底角相等的等腰三角形。由此可得，
因为 $\angle AOD=2 \times \angle ACO, \angle BOD=2 \times \angle BCO$，所以 $\angle AOB=2 \times \angle ACB$。

解析 当一条直线与圆有两个公共点时叫作割线，割线在圆内连接两个点的线段被称为弦。
当割线与圆只有一个公共点时则叫作切线。

解析 根据相交弦定理可知 $3 \times x=2 \times 9$，所以 $x=6$。

解析 计算 0^2，1^2，2^2，$\cdots$，9^2 可得出它们的个位数分别为 0、1、4、5、6、9，因此不会
出现 2、3、7、8。

解析 1 到 9 这九个数字组成的九位数不管怎么排列，每个数位的数字之和都为 1+2+…
+9=45，是 3 的倍数（9 的倍数）。所以这个九位数是不可能为质数的。

5 章 -3

解析 这道题答案要想直接得出是比较困难的。从本书《4. 包含了九个数字的等式》问题1< 解答 > 中的 $12 \times 483 = 5796$，可得 $\frac{5796}{483} = 12$。

5 章 -4

解析 这个答案也很难直接得出。运用本书《4. 包含了九个数字的等式》（7）中出现的 $158 \times 32 = 79 \times 64$ 可以得出一组数字。

26 章 -1

解析 当 n 为合数的时候，$2^n - 1$ 一定为合数。

26 章 -2

解析 自然数 N 的约数中除掉本身以外所有约数叫作真约数。例如，12 的真约数有 1、2、3、4、6。N 的真约数之和等于 N 时，则 N 为完全数。

26 章 -3

解析 若这个数为一位数的话，则质数有 2、3、5、7 四个数。这个三位数是从这四个数当中选取的。如果这个三位数里有 2 的话，则个位数必须为 2；如果有 5 的话，则个位数必须为 5。由此可得出这个数为 735。

26 章 -4

解析 6 的真约数有 1、2、3。它们的和为 1+2+3 与 6 相等，所以 6 为最小的完全数。